Bibliographic information published by the German National Library:

The German National Library lists this publication in the National Bibliography; detailed bibliographic data are available on the Internet at http://dnb.dnb.de .

Imprint:

Print and binding: Books on Demand GmbH, Norderstedt Germany
ISBN: 9783668936065

This book at GRIN:

https://www.grin.com/document/465167

Fatma Hadef

Les nanomatériaux. Matériaux du futur

GRIN Verlag

Les nanomatériaux : Matériaux du futur

Dr. Fatma Hadef

Avant-propos

Les nanotechnologies et les nanosciences, qui s'intéressent à la synthèse et l'investigation des phénomènes qui interviennent dans les structures ou objets ayant une taille de l'ordre du nanomètre, sont actuellement un domaine stratégique de la recherche fondamentale et appliquée très performant, en développement croissant, avec un potentiel économique immense dans plusieurs secteurs importants : informatique, mécanique, médecine, sciences des matériaux, physique, chimie, énergie, environnement…etc.

Les nanomatériaux constituent un domaine de recherche et d' évolution nécessitant l'utilisation de techniques permettant l'organisation de la matière au niveau atomique, moléculaire ou supramoléculaire à des échelles très faibles variant de 1 à 100 nm. L'importance de ces nanomatériaux réside dans leurs nombre fini d'atomes qui se situent entre le solide et l'atome isolé. Cette propriété permet d'observer de nouveaux comportements de la matière dus à la prépondérance des lois de la physique quantique s'exprimant particulièrement à cette échelle. De nouvelles propriétés biologiques, chimiques ou physiques peuvent avoir lieu et beaucoup d'utilisations industrielles et médicales se développent rapidement.

Cet ouvrage scientifique est destiné aux jeunes chercheurs qui ont déjà suivi des cours de base en sciences des matériaux dans lesquels les concepts fondamentaux concernant les matériaux conventionnels à grains micrométriques ont été acquis. Les objectifs de ce document peuvent se résumer comme suit:

- Acquérir des compétences indispensables concernant les champs pluridisciplinaires nanotechnologies et nanosciences.
- Découvrir les différentes classes et formes des nanomatériaux : nanotubes, nanofibres, nanoparticules, nanostructures organisés, …etc..
- Découvrir les applications variées et multiples des nanomatériaux dans plusieurs domaines fondamentaux.

Cet ouvrage est réparti en trois chapitres. Le premier chapitre est consacré aux champs pluridisciplinaires nanosciences et nanotechnologies. En effet, dans cette partie nous traitons les différents concepts et définitions concernant ces deux nouveaux domaines. Le deuxième chapitre présente des aspects généraux sur les nanomatériaux; définitions, classifications, méthodes de synthèse et caractérisations. Par ailleurs, il est indispensable de connaitre, l'utilité croissante de cette nouvelle variété de matériaux. Un aperçu sur les applications colossales des nanomatériaux dans plusieurs secteurs stratégiques, est présenté au dernier chapitre de cet ouvrage.

Skikda
Mars 2019

Dr. Fama Hadef
Département de Physique
Université 20 Août 1955-Skikda

TABLE DES MATIERES

Chapitre 1. Les nanomatériaux issus de la nanotechnologie

Chapitre 2. Les nanomatériaux : Aspects généraux

Chapitre 3. Les nanomatériaux : Applications

LES NANOMATERIAUX ISSUS DE LA NANOTECHNOLOGIE

1. Introduction

La nanotechnologie n'est pas nouvelle, les humains leur insu l'utilisent depuis des siècles. L'élaboration d'épées en acier, est un exemple de la nanotechnologie appliquée. En effet, l'acier est un mélange de plusieurs métaux qui sont transformés par le biais au niveau atomique par fusion [1,2].

Selon la littérature, le terme matériaux nanostructurés a été adopté et utilisé pour la première fois lors du congrés titré : "Materials with ultrafine Microstructure" qui s'est déroulé à Atlantic City l'année 1990, reliant une variété de domaines qui étudient les matériaux avec une microstructure dont la longueur caractéristique est dans la gamme de 1-100 nm [3]. En 1984, le terme «matériau nanocristallin» est apparu pour la première fois pour désigner des matériaux synthétisés par condensation en gaz inerte constitués de cristallites de taille nanométrique et compactés sous forme d'un solide poreux [4]. Les premiers résultats ont conduit les chercheurs à croire que les matériaux nanocristallins constituent une nouvelle forme de la matière jamais rencontrée auparavant. Actuellement, le préfixe "nano" est devenu sans doute le plus en vogue dans tous les domaines de la vie [3] :

- Domaines de recherche : Nanophysique, nanochimie, nanomécanique...etc.
- Produits synthétiques : Produits cosmétiques, produits solaire, les dentifrices...etc.
- Revues scientifiques : Journal of Nanomaterials, Journal of Nanoscience and Nanotechnology Applications, Journal of Nanofluids....etc.

En effet, la littérature scientifique et technique s'est vue récemment enrichie de nouveaux termes utilisés pour définir les objets nanométriques ainsi que des concepts. On peut citer : nanomatériaux, nanoparticules, alliages nanocristallins, nanograins ...etc [3] .

La nanoscience s'inscrit dans la continuité d'une allure d'investigation qui tend à ouvrir le champ des connaissances vers de nouveaux orizons. Qu'il s'agisse des sciences physiques, chimiques, mais aussi biologiques, le but est actuellement la conception des phénomènes qui se manifestent au niveau du grain élémentaire constitutif de la matière, sur des faibles distances de l'ordre du nanomètre [1].

Depuis une dizaine d'années, les nanotechnologies sont passées de l'empirisme, puis de l'investigation et de la recherche (1980-2000) à l'application et à la commercialisation. Il est bien évident que les nanosciences et les nanotechnologies touchent actuellement tous les disciplines et les domaines de recherche: métaux, céramiques, diélectriques, oxydes magnétiques, polymères...etc.

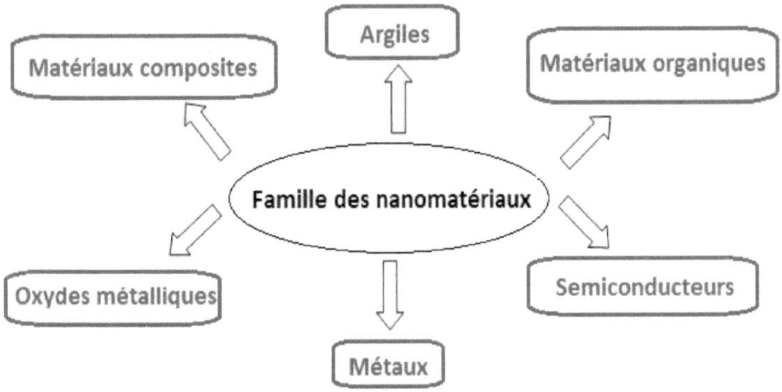

Figure 1.1 : Familles des nanomatériaux issus des nanotechnologies
Source: propre image

En réalité, la nanotechnologie ne se limite pas aux domaines cités précédemment, mais elle touche également l'industrie-médicale. L'utilisation de la nanotechnologie dans la médecine, appelée nanomédecine, s'avère prometteuse et a profondément attiré l'attention de plusieurs chercheurs dans plusieurs disciplines ; universitaires, pharmaciens, médecins...etc [5]. En effet, la nanotechnologie et la nanoscience pourraient fabriquer des moyens plus efficaces, de fournir des médicaments avec moins d'effets secondaires, et même de mettre au point des procédures qui pouvaient aider à guérir des tissus ou organes endommagés de l'organisme vivant [2,6].

2. Avancées technologiques

C'est Richard P. Feynman, le physicien américain qui fut le premier à lancer le défi à la communauté scientifique lorsqu'il déclarait dans son célèbre discours présenté le 29 décembre 1959, à la réunion annuelle de la société américaine de physique au CALTECH : " il y a plein de place en bas de l'échelle! Considérons la possibilité de faire un objet très petit, à l'image des cellules, aussi petit et aussi fonctionnel que nous puissions commander et qui exerce une fonction à cette échelle!...la chimie reviendrait alors à placer les atomes un par un exactement à la position voulue...mais actuellement nous devons toujours accepter les arrangements que la nature nous impose. Je ne doute pas que, lorsque nous aurons quelques contrôle sur l'arrangement des objets à une petite échelle, nous découvrirons que la matière possède une gamme de propriétés énormément étendue et qu'avec nous pouvons réaliser beaucoup de chose" [3].

C'est en 1974 que le terme nanotechnologie a été utilisé pour la première fois par le Japonais Norio Taniguchi, pour décrire les procédés qui désignent la conception, la fabrication et l'utilisation des structures à l'échelle du nanomètre, et qui était popularisé par la suite par Eric Drexler [5]. Les deux instruments puissants des nanotechnologies sont le microscope à effet tunnel (ou STM : Scanning Tunneling Microscope) et le microscope à force atomique (ou AFM : Atomic Force Microscope). Le microscope à effet tunnel est l'outil fondamental qui a contribué au développement des nanotechnologies car il fut le premier instrument à permettre l'observation de la matière à l'échelle nanométrique. Le microscope à effet tunnel STM fut créé en 1981 par des chercheurs d'IBM, l'allemand Gerd Binnig et le suisse Heinrich Rohrer. Cette invention fut couronnée par le Prix Nobel de physique en 1986 [5].

En 1985, trois chercheurs : les deux américains : R. Smalley et R. Curl de Rice University, Houston, Etats unis et le britannique H. Kroto de University of Sussex, Grande Bretagne, ont découvert une nouvelle forme allotropique du carbone jamais rencontrée auparavant. Cette nouvelle molécule nanostructurée est appelée : Fullerène C_{60}. Cette structure est constituée de 60 atomes de carbone répartis sur les sommets d'un polyèdre régulier constitué de facettes hexagonales et pentagonales [7].

En 1991, le physicien japonais Sumio Ijima, des Laboratoires NEC à Tusukuba, a mis en évidence les nanotubes de carbone. Ces derniers sont constitués d'un ou plusieurs feuillets d'atomes de carbone enroulés sur eux-mêmes formant un tube. Le tube peut être fermé ou non à ses extrémités par une demi-sphère de fullerène. Il existe deux types de nanotube de carbone: simple-feuillet, en anglais Single-Walled Carbon Nanotubes ; SWCNT, et multi-feuillets en anglais Multi-Walled Carbon Nanotubes ; MWCNT [8].

Le graphène est le membre le plus récent de la famille du carbone. Il a été découvert en 2004 par André Geim et Konstatin Novoselov. Cette contribution remarquable a été couronnée par un prix Noble de physique en 2010 et a conduit à une augmentation particulière de l'intérêt porté à la recherche et l'application du graphène. Ce matériau bidimensionnel est constitué d'une feuille de graphite d'épaisseur monoatomique. Il est considéré comme l'élément structurel de base d'autres formes allotropiques du carbone [9].

3. Nanosciences et nanotechnologies

Avant de détailler les définitions des nanosciences et nanotechnologies, il convient d'abord de s'interroger sur l'origine de ces nouveaux termes. En effet, tout est une question de taille. Le préfixe « nano » vient du mot grec nanos qui signifie nain (très petit). Les scientifiques l'utilisent comme préfixe dans les unités de mesure pour exposer le milliardième de l'unité de base : le nanomètre est le milliardième de mètre, et c'est environ 4 atomes disposé l'un à côté de l'autre [10].

La particularité fondamentale des nanotechnologies qui en fait le domaine le plus prometteur des nouvelles technologies est le fait qu'à l'échelle nanométrique, les lois de la physique conventionnelles ne s'appliquent plus de la même façon. Les propriétés physiques, chimiques et biologiques à l'échelle nanométrique ne peuvent être directement déduites de celles qui sont connues aux échelles macroscopiques. Les matériaux nanostructurés posent beaucoup de problèmes concernant la compréhension des phénomènes fondamentaux car la plupart des lois physiques ont été établies à une échelle macroscopique. L'effet de la nanostructuration est tout à fait notable, dû à l'importante fraction d'atomes constitutive des interfaces (faible degré d'ordre, brisure de symétrie...). Si on arrive à manœuvrer la matière à l'échelle nanométrique, on sera en mesure de moduler la matière selon nos nécessités. Les conséquences prévisibles sont alors presque infinies. Certains chercheurs parlent déjà d'une troisième révolution technologique, après la révolution industrielle (XIX siècle) et celle de la microélectronique (Siècle passé) [11,12].

4. Définitions des nanotechnologies et des nanosciences

Les nanotechnologies constituent un domaine d'investigation et de développements technologiques impliquant l'élaboration de structures, de dispositifs et de systèmes à partir de processus permettant d'organiser la matière à des échelles spécifiques comprises approximativement entre 1 et 100 nanomètres [1]. En raison de l'apparition de phénomènes nouveaux, les nanotechnologies suscitent et utilisent le développement de champs scientifiques nouveaux qui explorent les comportements de la matière qui se manifestent à faible échelle. Ce sont les nanosciences. On peut affirmer alors que les champs nanosciences et nanotechnologies s'intéressent à la même échelle, et par conséquent partagent et développent des dispositifs communs.

4.1 Nanotechnologies

On peut définir les nanotechnologies comme l'ensemble des savoir-faire pluridisciplinaires qui permettent un usinage à l'échelle moléculaire, voire atomique. Néanmoins, on peut dire que le terme de nanotechnologie désigne à la fois les processus industriels permettant de réaliser des structures de matériaux dont la taille est inférieure à 100 nanomètres et tous les applications et produits recourant à ce type de structures dans le but d'exploiter leurs caractéristiques physiques et chimiques particulières. Il s'agit donc d'un terme générique regroupant une variété de champs d'application [11].

Les nanotechnologies se répartissent entre trois grands domaines : les techniques de l'information et de la communication, la santé (imagerie médicale et diagnostic précoce, médicaments ciblés, implants et prothèses, tissus artificiels…), et enfin le large domaine des matériaux, dont les utilisations couvrent la majorité des secteurs industriels [12,13].

4.2 Nanosciences

C'est l'ensemble des recherches ayant pour but la fabrication et l'investigation de matériaux nanostructurés, ainsi que la recherche de méthodes d'assemblage permettant d'accéder à des nanomatériaux qui permettront d'aboutir aux matériaux adaptatifs. En ce sens les nanosciences s'intéressent à connaître et à saisir les approches par lesquels la matière, inerte ou vivante, s'organise par auto-assemblage à l'échelle des structures moléculaires, des agrégats plus ou moins complexes d'atomes, et des atomes eux-mêmes [13].

5. Les nanosciences et nanotechnologies au quotidien

Les nanotechnologies représentent sans aucun doute le nerf de cette révolution technologique. En émergence depuis le début de ce millénaire, leurs développements importants ont bouleversé tous les champs technologiques et scientifiques. Elles ont la particularité par rapport aux autres champs que celles-ci opèrent à des dimensions nanométriques ou la matière que l'on utilise présente de nouvelles caractéristiques jusqu'alors cachées.

Par ailleurs la réussite de recherches dans le domaine des nanotechnologies ne peut provenir que de la collaboration des efforts de plusieurs acteurs agissant dans différentes branches scientifiques et technologiques : informatique, mathématiques, génie, chimie, physique, biologies …etc. Universités, entreprises et gouvernements s'intéressent aux nanotechnologies et nanosciences parce ce que les applications envisagées des nanomatériaux pourraient changer tous les aspects de la vie courante [14].

Les nanomatériaux ont des applications dans tous les secteurs industriels. L'apparition et le développement de nanomatériaux, pourraient ainsi permettre l'amélioration de plusieurs caractéristiques et procédés. Les nanomatériaux sont présents presque dans toutes les disciplines de la vie quotidienne.

Historiquement, le marché de la micro-électronique a été le premier à exploiter les conséquences de la miniaturisation des systèmes menés par l'arrivée des nanotechnologies. Le développement de cellules photovoltaïques où l'empilement de semi-conducteurs contrôlés à l'échelle nanométrique améliore le rendement. Les nanomatériaux sont également présents dans les produits cosmétiques avec la présence de nanoparticules de dioxyde de Titane dans les crèmes solaires et les crèmes hydratantes, ainsi que dans des dentifrices [16].

Pour les loisirs, les balles de tennis en matériaux nanocomposites ont vu leur durée de vie augmentée alors que les raquettes perdaient en poids tout en gagnant en résistance, grâce à l'introduction de nanotubes de carbone dans leur structure.

Les industriels développent également des revêtements nano-modifiés inspirés du monde végétal, en particulier du comportement des feuilles de lotus recouvertes de nanocristaux de cire, qui leur permettent de ne pas se mouiller et de demeurer propres même dans un milieu boueux. Les applications envisagées sont immenses : vitres antisalissures pour fenêtres et automobiles, peintures faciles à lessiver, tuiles autonettoyantes, revêtements antibactériens pour la cuisine et les sanitaires [17].

6. Conclusion

Ces dernières décennies sont apparus les nanotechnologies et les nanosciences qui suscitent un intérêt croissant et constituent le cœur de la révolution industrielle. Ces nouveaux domaines sont en fait une illustration de la coopération et de l'interdépendance de plus en plus croissante entre de nombreux domaines auparavant distincts ou peu unis. Aujourdhui, il est bien évident que les nanosciences et les nanotechnologies touchent toutes les branches techniques et scientifiques comme ; la physique, la chimie, la biologie, l'électronique…etc.

Les nanosciences concernent l'étude des comportements de la matière aux échelles atomiques et moléculaires où les propriétés diffèrent totalement de celles des matériaux à grains conventionnels. Les nanotechnologies correspondent à la détermination, la conception et l'utilisation de dispositifs à l'échelle du nanomètre.

Le point commun entre les deux domaines est la dimension nanométrique des matériaux étudiés et/ou des instruments accédant à leur usage. Les promesses et les perspectives d'applications des nanosciences et nanotechnologiess sont immenses et incontournables pour une vie pratique et confortable.

LES NANOMATERIAUX : ASPECTS GENERAUX

1. Introduction

L'investigation et l'application des matériaux nanostructurés connaissent un essor considérable en raison de leurs caractères singuliers par rapport aux matériaux massifs de même composition chimique. En effet, dans ce nouvel aspect, certaines propriétés sont amplifiées alors qu'elles n'étaient pas significatives aux échelles classiques, ce qui entraine l'apparition de nouveaux comportements de la matière. Ces nano-objets permettent par le biais de cet aspect de produire des matériaux, dispositifs et systèmes ayant des propriétés et des fonctions fondamentalement nouvelles.

Un nanomatériau est un matériau (pulvérulent, aérosol, suspension liquide, gel) possédant des caractéristiques particulières à cause de sa faible dimension et de sa structure nanométrique. Les nanomatériaux sont généralement obtenus par des procédés nanotechnologiques, à la différence des nanoparticules qui peuvent provenir de source naturelle ou découler de processus industriels. Les nanomatériaux représentent un domaine de la matière condensée en fort engouement depuis plusieurs années. L'intérêt d'invéstiguer les matériaux à l'échelle nanométrique réside dans le fait que de nombreuses propriétés physico-chimiques pouvant avoir lieu si les grains constitutifs de ces matériaux ont une grandeur caractéristique du nanomètre [18].

L'une des propriétés singulières des nanomatériaux est le grand rapport atomique surface/volume.

L'immense fraction d'atomes présents à la surface des nanomatériaux et leurs faibles tailles leurs confèrent des propriétés différentes de celles des matériaux conventionnels à grains micrométriques de même composition chimique.

2. Le nanomonde n'est pas nouveau

Cette réalité est peu connue, mais nous vivons déjà au milieu des nanomatériaux. Ainsi, des nanoparticules de différentes tailles et formes baignent dans l'environnement qui nous entoure, depuis des milliers d'années.

Si les nanotechnologies et les nanosciences sont des domaines nouveaux, les nanomatériaux ont toujours existés. Nous citons dans ce qui suit quelques exemples pour illustrer cette réalité.

- **Les nanomatériaux dans l'art**

La coupe de Lycurgus est une coupe romaine très connue datant du 4ème siècle avant JC. Elle est gardée au British Museum. Elle a la particularité de convertir la couleur en fonction de l'éclairage (intérieur ou extérieur). Les romains broyaient très finement des poudres d'or ou d'argent et les ingéraient au verre en fusion, sachant que cela modifiait la couleur du matériau. Lors du refroidissement du verre, l'or se condense en nanoparticules qui ont une vaste surface et qui absorbent la lumière dans une gamme de longueur d'onde particulière. Eclairée en réflexion la coupe diffuse la lumière absorbée (vert), éclairée en transmission par l'intérieur, le vert est absorbé et on voit la coupe rouge [19].

- **Les nanomatériaux dans la nature**

L'opale est l'une des exceptionnelles pières qui a la particularité de présenter toutes les couleurs du spectre visible dans une seule et même gemme. Ce comportement résulte de la diffraction de la lumière à travers un empilement compact plus ou moins régulier de nanoparticules de silice : la couleur de chaque parcelle de l'opale dépend de l'orientation de l'origine de la lumière incidente et également de la dimension des particules de silice ainsi que de l'espacement entre les différentes couches parallèles. Et donc, lorsque la gemme bouge, la couleur se trouve modifier, se qui donne un charme à l'opale [20].

Un autre exemple est celui de l'effet lotus qui désigne le comportement super-hydrophobe des feuilles de la plante du Lottus, par la présence de nanoreliefs à la surface des feuilles. Les gouttes d'eau qui s'y étalent maintiennent une allure quasi sphérique, elles n'adhèrent pas à la feuille et donc ne la mouillent pas. Cet effet intéresse les industriels qui cherchent à synthétiser : des tissus imperméables, des bétons hydrofugés, des surfaces autonettoyantes…etc [21].

3. Définitions

En réalité, dans la littérature scientifique on peut rencontrer plusieurs définitions des nanomatériaux, mais la définition suivante nous semble la plus intégrale :

Un nanomatériau synthétisé, c'est tout matériau obtenu intentionnellement et qui présente une ou plusieurs dimensions de l'ordre de 100 nm, au moins ou il est constitué de fractions pratiques distinctes, soit internes, soit à la surface, dont beaucoup ont une ou plusieurs dimensions de l'ordre de 100 nm ou moins, y compris des structures, des agglomérats ou des agrégats qui peuvent avoir une taille de plus de l'ordre de 100 nm, mais qui maintiennent des propriétés typiques de la nanoéchelle [22].

En parallèle du terme de nanomatériau, on trouve également le mot nanosystème qui définit un système résultant de l'assemblage de plusieurs éléments à l'échelle toujours nanométrique. Si les nanomatériaux existent à l'heure actuelle, les nanosystèmes verront le jour dans un futur plus ou moins proche [23].

Pour résumer, on peut évoquer que la définition des nanomatériaux regroupe des matériaux dont les structures et les propriétés sont très diverses et sont souvent caractéristiques de la technique d'élaboration. Malgré cette diversité, tous ces nanomatériaux partagent trois caractéristiques fondamentales [24] :

- Des domaines atomiques confinés à moins de 100 nm dans au moins une dimension.
- Une fraction significative d'atomes associés à des environnements de type interfacial (surface, joints de grains, interface…).
- Des interactions entre ces différents constituants peuvent exister.

4. Classifications

Les nanomatériaux peuvent se classés en fonction de différents paramètres :

- Leurs origines : naturelles ou synthétiques.
- Leurs formes et leur dimension.

4.1. *Selon la forme*

Les nanomatériaux manufacturés par l'homme concernent les 3 familles suivantes :

- **Les matériaux nano-renforcés**: Les nano-objets sont implantés dans une matrice pour la doter d'une nouvelle fonctionnalité, ou pour changer ces caractéristiques.

- **Les matériaux nanostructurés en surface**: Les nano-objets sont disperser sur la surface du matériau et constituent les éléments de revêtements.

- **Les matériaux nanostructurés en volume** : Les nano-objets peuvent également être les éléments de matériaux massifs stables et dont la structure externe est supérieure à l'échelle nanométrique qui, par leur structure intrinsèque nanométrique, bénéficient de propriétés remarquables.

4.2. Selon la dimension

Comme précédemment cité, les matériaux nanostructurés peuvent être classés selon différents critères et paramètres; mais la dimensionnalité constitue le critère le plus utilisé. Il existe beaucoup de morphologies différentes; les groupes d'atomes (clusters), les films ultraminces, les multicouches constituées de couches très minces superposés de composés différents et les matériaux nanostructurés [25,26].

Le tableau suivant résume les différents types de nanomatériaux classés en fonction de la dimensionnalité.

Tableau 2.1 : Classification des nanomatériaux en fonction de la dimension.

Type de la nanostructure	Morphologie	Propriétés
0-Dimension : *Clusters et nanoparticules*	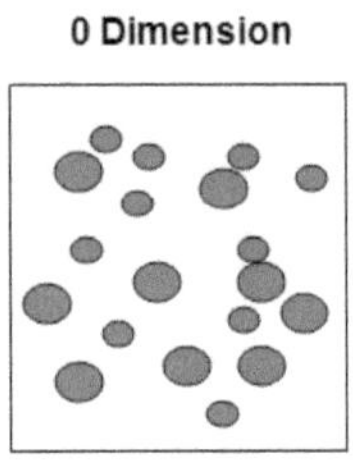 *Source: propre image*	Une nanoparticule est un assemblage de quelques centaines à quelques milliers d'atomes, formant un objet de taille nanométrique : 1 à 100 nm. Le terme cluster est généralement réservé aux particules les plus petites contenant moins de 10^4 atomes ou molécules. Les nanoparticules sont des objets plus gros, constitués de 10^6 atomes [26,27].
1,2-Dimension(s) : *Films minces et multicouches*	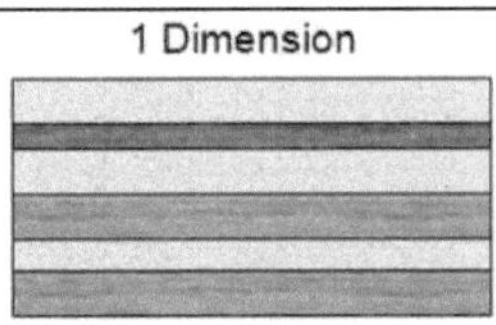 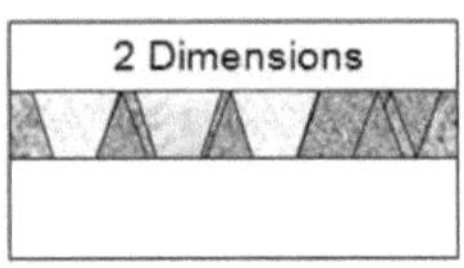 *Source: propre image*	Un matériau nanostructuré à 1 D est constitué d'empilements de couches monocristallines ou d'alliages homogènes d'épaisseur nanométrique tandis qu'une nanostructure à 2 D est constituée d'une monocouche polycristalline d'épaisseur nanométrique [27].

3-Dimension(s) : Matériaux nanostructurés tridimensionnels	**3 Dimensions**  *Source: propre image*	Ces matériaux sont constitués de grains mono ou polyphasés dont la taille est inférieure à 50 nm. Ils sont composés de deux grandes parties, une phase cristallisée et une phase interfaciale avec un arrangement désordonné communément appelée joint de grain présentant des distributions de voisinage. L'épaisseur des joints de grains peut aller d'une couche à plusieurs couches atomiques, dépondant du matériau et la méthode d'obtention [26].

5. Structure des nanomatériaux

Dans les nanomatériaux deux types d'atomes peuvent être distingués: des atomes avec configuration plus proche voisin correspondants au réseau et les atomes des joints de grains avec une large variété de distances interatomiques qui diffère d'un joint à l'autre. En d'autres termes les nanomatériaux sont composés de deux composantes structurales: (i) petits grains possédant un ordre à longue distance avec différentes orientations cristallographiques, celle-ci constitue la composante cristalline, et (ii) un réseau de régions intercristallines et dont la structure varie d'une région à l'autre, celle-ci constitue la composante interfaciale. Une large distribution de distances interatomiques se développe pour cette partie, ce qui conduit à une faible densité atomique par rapport à celle des cristaux [28-30].

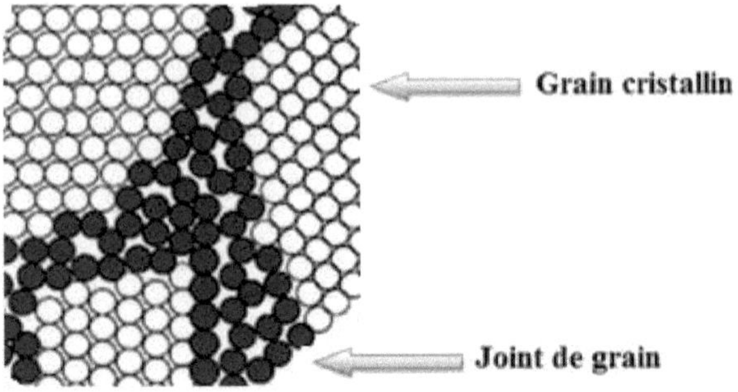

Figure 2.1 : Schéma d'un nanomatériau massif (localisation des joints de grains et des grains).

Source: propre image

5.1. *Structure atomique des grains*

La structure des grains (appelés encore cristallites), des matériaux nanocristallins est généralement la même que celle des matériaux micrométriques de même composition chimique. La microscopie électronique haute résolution a montré que les nanocristaux sont constitués de petites cristallites de différentes orientations cristallographiques, séparées par des joints de grains [29]. Certains chercheurs ont montré que la structure des nanocristaux est semblable à celle des matériaux conventionnels de même composition, par contre les paramètres cristallins des deux formes sont totalement différents; a_{nano} est toujours supérieur à a_{conven} et c_{nano} est toujours inférieur à c_{conven}. Cette différence est attribuée à la présence de lacunes et/ ou à la formation de structure sursaturée dont la limite de solubilité est élevée à l'échelle nanométrique [31-33].

5.2. *Structure atomique des joints des grains*

Par définition le joint de grain est la région qui sépare deux grains voisins. En réalité, la structure des joints des grains demeure un point important, largement discuté au sein de la littérature scientifique. Le but fondamental des études théoriques et expérimentales était de montrer si les joints de grains sont similaires ou diffèrent de ceux des matériaux conventionnels de même composition chimique, car cette structure influe sur plusieurs propriétés du matériau : la diffusivité, la croissance des grains...etc. Les conclusions divergent : un premier groupe d'expérimentateurs montre que la structure des joints des grains est totalement différente, alors que d'autres affirment qu'elle est semblable à celle des matériaux polycristallins [34].

Des études expérimentales ont montré une faible coordination, supportant l'hypothèse d'immense désordre des joints des grains aux seins des matériaux nanocristallins. Les études de simulations, ont rapporté que la structure des les joints de grains diffère complètement de celle des matériaux à grains micrométriques, et par conséquent les propriétés sont traitées en supposant que le nanomatériau est constitué de deux composantes : un arrangement parfait et ordonné à longue distance constituant le grain et une composante interfaciale désordonnée attribuable aux joints des grains [35-37].

L'une des caractéristiques fondamentales des nanomatériaux est liée au nombre important d'atomes se trouvant dans les joints des grains. En supposant que les grains adoptent une forme sphérique, la fraction volumique d'interfaces, est donnée par la relation suivante [38]:

$$f_{gb} = \frac{3\Delta}{d}$$

où 'Δ' est l'épaisseur moyenne des joints des grains et 'd' la taille moyenne des grains.

Si l'épaisseur du joint de grain est 1 nm et pour une taille moyenne de grain de 5 nm, on trouve presque 50% d'atomes sont localisés dans le joint de grain.

6. Propriétés des nanomatériaux

Les propriétés d'un matériau dépendent de sa structure et de sa composition chimique. La transition à l'échelle nanométrique peut engendrer des changements radicaux des caractéristiques physico-chimiques de la matière.

Les matériaux nanocristallins ont des propriétés améliorées que celles des matériaux ayant des tailles de grain plus importantes. Parmi ces propriétés amplifiées par la présence des interfaces et du large rapport surface/volume, on peut évoquer : dureté supérieure, diffusivité amplifiée, ductilité améliorée, faible densité, module élastique réduit, résistivité électrique élevée, chaleur spécifique plus importante ....etc [39, 40].

7. Comment obtenir un nanomatériau ?

Outre la simple miniaturisation recherchée en électronique, les nanomatériaux sont au centre de toutes les attentions pour la mise au point de matériaux présentant des caractéristiques singulières. Leurs procédés de synthèse sont classés selon plusieurs paramètres et approches [41]. Cependant, l'obstacle principal qui apparaît lorsque l'on cherche à élaborer des nanomatériaux est qu'il est souvent très difficile d'accéder à leurs compositions et leurs structures. La synthèse des nanomatériaux est une démarche délicate, qui nécessite une adaptation particulière du système expérimental [21].

Deux grandes approches sont mises au point pour l'élaboration des nanomatériaux. La première qualifiée de Top-down (descendante), originaire de la microélectronique, consiste à diminuer les systèmes actuels. Les structures sont ainsi graduellement sous dimensionnées jusqu'à se qu'on abouti à l'échelle nanométrique. Cette méthode fait appel à des processus généralement mécaniques. Elle implique une augmentation particulière des coûts de fabrication et ne conduit pas à l'élaboration des systèmes nanométriques en quantités industrielles.

A l'opposé de Top-down se développe une autre approche : le Bottom-up (ascendante). Cette démarche est issue des laboratoires de recherche, elle permet l'assemblage ou le positionnement d'atome ou de molécules de manière exacte permettant ainsi la synthèse d'édifices dont la structure est précisément connue. Cette méthode fait appel à des procédés de fabrication particulièrement physiques et chimiques [41].

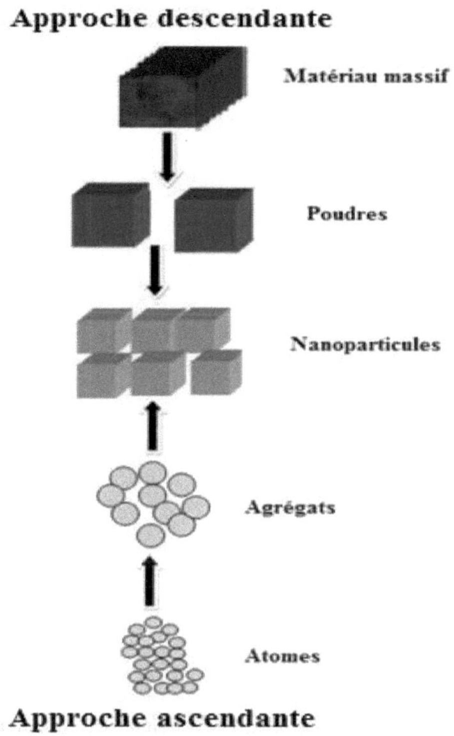

Figure 2.2 : Les 2 approches d'élaboration des nanomatériaux.
Source: propre image

Les procédés actuels permettant la construction de nanomatériaux sont classés en trois grandes catégories :

- ***Les voies physiques*** : Evaporation-condensation, pyrolyse LASER, irradiation ionique/électronique, recuit à basse température de phases amorphes massives...*etc.*
- ***Les voies chimiques*** : Les réactions en phase vapeur, les réactions en milieu liquide, les techniques sol-gel...*etc.*
- ***Les voies mécaniques*** : Mécanosynthèse, forte déformation...*etc.*

8. Caractérisation des nanomatériaux

La caractérisation des nanomatériaux est une étape très importante en sciences des matériaux. Les zones interfaciales ont un effet non négligeable sur les propriétés macroscopiques des nanomatériaux, leur caractérisation est donc une étape primordiale pour la compréhension des comportements de ces nouveaux matériaux. Quelque soit le type de nanostructure, ces zones interfaciales sont caractérisées par une faible densité atomique entraînant une large distribution de la distance interatomique et par conséquent une hétérogénéité structurale et chimique importante [42].

De manière générale les nanomatériaux sont des objets dont les caractérisations structurales, microstructurales des propriétés physico-chimiques réclament à la fois des moyens classiques ou standards comme la diffraction des rayons X, mais aussi des techniques spécifiques adaptées à leurs tailles comme les microscopies de champ proche (STM, AFM).

Les paramètres fortement recherchés lors de la caractérisation de nanomatériaux sont les suivants:

- Analyse structurale : Composition chimique, présence d'impureté.
- Propriétés microstructurales : Taille, forme des grains.
- Etat de la surface : Réactivité de surface, mesure de la surface spécifique.
- Etat des particules : Forme et morphologie, distribution granulométrique, porosité, densité.

9. Conclusion

Les nanomatériaux ont une taille inferieure à 100 nm au moins dans une direction de l'espace. Cette petite taille leurs confère un grand rapport surface-volume, qui est à l'origine de nouvelles propriétés observées : mécaniques, électriques, optiques, magnétiques, thermodynamiques et chimiques. La caractéristique fondamentale d'un nanomatériau réside dans le fait qu'il présente des propriétés différentes de celles que l'on pourrait trouver dans le même matériau à son échelle ordinaire. Ces matériaux trouvent de nombreuses applications dans toutes les disciplines de la vie : l'électronique, la catalyse, la pharmacie, mécanique, physique, communication…etc.

L'ensemble des nanomatériaux peut se décrire en fonction de différents facteurs :

- Leurs sources.
- Leur dimension et leur forme (objets à 1, 2 ou 3 dimensions nanométriques).

La structure des nanomatériaux est formée de deux composantes principales : un bulk cristallin, avec une structure bien définie, ayant un paramètre de maille constant et une partie extérieure formée par une zone interfaciale désordonnée caractérisée par la présence de défauts, lacune et même d'impuretés.

Les voies de fabrication des matériaux nanostructurés sont extrêmement variées et peuvent être regroupés en deux approches : l'approche descendante (ou top-down) et l'approche ascendante (ou bottom-up). Parallèlement à la synthèse de ces nouveaux matériaux, beaucoup de techniques de caractérisations se sont développées pour détecter à la fois leurs aspects nanométriques et élucider leurs propriétés physico-chimiques singulières.

LES NANOMATERIAUX : APPLICATIONS

1. Introduction

Actuellement, Les nanosciences et nanotechnologies gèrent une révolution dans la fabrication et la production de nanomatériaux, en créant de nouveaux matériaux et de nouveaux procédés. Cette miniaturisation d'appareils et de systèmes aux tailles des unités élémentaires inférieures à 1 µm a révolutionné notre vie quotidienne. Aujourd'hui, les nanomatériaux sont présents en masse dans des domaines divers et variés. En effet, les applications des nanomatériaux progressent rapidement et ne laisseront aucun domaine non touché par leurs innovations révolutionnaires [43,44].

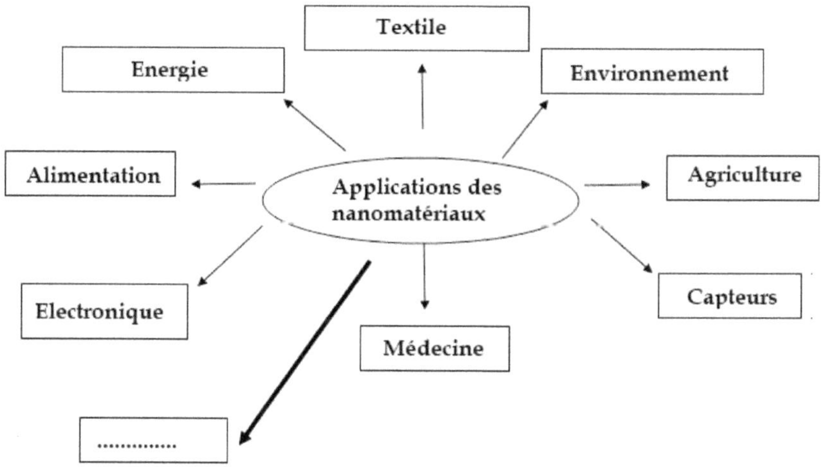

Figure : 3.1 : Quelques applications des nanomatériaux.

Source: propre image

2. Le secteur de l'énergie

La demande mondiale en énergie ne cesse de croître et d'une année à une autre, selon les prévisions de l'Agence internationale de l'énergie, elle devrait augmenter d'environ 50% l'an 2030. À l'heure actuelle, plus de 80% de la demande en énergie est couverte par des combustibles fossiles. Par conséquent, il existe un besoin urgent de ressources énergétiques alternatives aux combustibles fossiles [45]. Reconnaissant les progrès rapides réalisés dans les nanosciences et les nanotechnologies, ces nouveaux domaines offriront d'énormes possibilités d'applications dans le domaine de l'énergie et du développement de systèmes d'énergie propre, ce qui sera très important compte tenu des énormes défis à relever face au changement climatique et à l'énergie [46-48]. Les projets de recherches des nanotechnologies les plus avancés liés à l'énergie sont les suivants: stockage, conversion, amélioration de la fabrication en réduisant les taux de matière et de processus, économies d'énergie et sources d'énergie renouvelables améliorées [49].

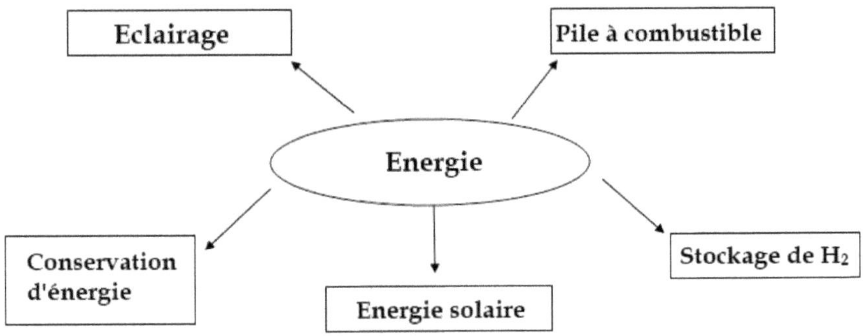

Figure 3.2 : Applications des nanomatériaux dans des applications énergétiques.

Source: propre image

3. Le secteur de l'environnement

En effet, la pollution de l'environnement, en particulier les gaz toxiques, les ions de métaux lourds et les polluants organiques dans l'air et dans l'eau, causés par l'industrialisation intensive, les activités agricoles, l'urbanisation et l'évolution des modes de vie des populations menacent gravement l'équilibre écologique et la santé humaine [50]. Ces problèmes ont fait l'objet d'une attention soutenue dans le monde entier. Il a été démontré que des nanomatériaux tels que les nanocomposites silice-oxyde de titane sont utiles pour éliminer le mercure élémentaire des vapeurs [51,52]. L'application de nanomatériaux à la détection et à l'élimination des agents pathogènes offre une bonne sensibilité, un coût inférieur, un délai d'exécution plus court, une taille d'échantillon plus petite, une détection en ligne et en temps réel, un débit plus élevé, une portabilité dans la restauration de l'environnement. Ils peuvent éliminer les polluants organiques et les métaux par réduction ou oxydation des nanomatériaux et leur degré d'élimination peut être amélioré par la fonctionnalisation avec des groupes chimiques qui peuvent capturer de manière sélective les polluants dans les milieux aquatiques et atmosphériques [53,55].

4. Le secteur médical et pharmaceutique

Les changements de mode de vie, d'habitudes alimentaires et d'autres conditions environnementales ont entraîné l'apparition de nombreuses maladies. Le système de soins de santé existant peut ne pas suffire pour répondre aux besoins essentiels pour guérir les maladies émergentes [56]. Les nanomédicaments ont des tailles similaires à celles des virus, de l'ADN et des protéines et possèdent des propriétés chimico-physiques uniques, telles que des dimensions extrêmement réduites, un grand rapport surface / masse et une réactivité élevée, qui peuvent être utilisées pour surmonter certaines difficultés. Les nanomatériaux utilisés dans la nanomédecine comprennent une large gamme de substances organiques comme les liposomes, des dendrimères, des nanoparticules lipidiques solides, des polymères). Certains nanomatériaux sont à base de matériaux inorganiques (or, oxydes de fer) [57].

Pour la détection du cancer, des chercheurs utilisent des anticorps fixés aux nanotubes de carbone dans des puces pour détecter les cellules cancéreuses dans le sang. Les chercheurs pensent que cette méthode pourrait être utilisée dans des tests de laboratoire simples permettant de détecter rapidement les cellules cancéreuses dans le sang. Pour les maladies qui touchent les reins, un test de détection précoce des dommages aux reins est en cours de développement par les chercheurs. La démarche est simple et consiste à utiliser des nanorodes d'or fonctionnalisées pour se lier au type de protéine générée par les reins endommagés. Lorsque la protéine s'accumule sur la nanorode, la couleur de celle-ci change [58].

Les produits cosmétiques sont généralement destinés à améliorer l'apparence de la peau, des cheveux ou des dents. Aujourd'hui, de nombreux produits cosmétiques visent à hydrater la peau, à réduire ou à ralentir les signes de la peau âgée ou à protéger la peau contre les agressions quotidiennes [59]. Divers produits cosmétiques basés sur la nanotechnologie sont commercialisés, comme des agents : hydratant, nettoyant, anti-rides, anti-âge, écran solaire, qui sont fabriqués par des laboratoires connus à l'échelle mondiales ; Lancôme, L'Oreal…etc [60].

On peut citer un nanomatériau largement utilisé qui est l'oxyde de zinc. C'est est un agent antibactérien et anti-odeur. Il est utilisé dans les déodorants, les nettoyants dentaires et les crèmes. Sa dispersibilité, sa transparence optique et sa douceur le rendent le un ingrédient antibactérien attrayant dans de nombreux produits de soins. Un autre nanomatériau est l'oxyde de cuivre. Cet élément sous forme de poudre nanométrique été proposée comme un agent de conservation antimicrobien pour le bois ou les produits alimentaires.

5. La détection : Capteurs et biocapteurs

La détection quantitative et qualitative de molécules chimiques et biologiques hautement sensibles et sélectives est cruciale pour de nombreuses applications pratiques, notamment la détermination et la surveillance de la qualité de l'air / de l'eau / du sol, le diagnostic médical et la synthèse chimique. Le développement de capteurs portables miniaturisés est de plus en plus nécessaire [61,62].

Différents types d'éléments de détection, tels que les nanotubes de carbone, les nanofils d'oxyde de zinc ou les nanoparticules de palladium peuvent être utilisés dans les capteurs basés sur la nanotechnologie. En raison de la petite taille des nanotubes, nanofils ou nanoparticules, quelques molécules de gaz suffisent pour modifier les propriétés électriques des éléments sensibles. Cela permet de détecter une très faible concentration de vapeurs chimiques [63].

Les nanotubes de carbone et le graphène sont très prometteurs pour le développement de tels systèmes en raison de leur grande surface spécifique, de leurs propriétés électriques, de leurs propriétés mécaniques et interaction avec les analytes. Les composites polymères chargés de nanotubes de carbone sont utilisés comme capteurs implantables capable de transmettre des informations de manière extracorporelle. Le graphène et les nanocomposites de graphène peuvent être utilisés comme plates-formes générales pour la détection des ions inorganiques, des biomolécules et des organismes ainsi que comme plates-formes pour l'élimination des espèces dangereuses dans l'environnement [64, 66].

6. Le secteur de la nanoélectronique

La nanoélectronique est un domaine technologique en développement rapide qui peut avoir un impact sur un large éventail de secteurs. Elle vise à permettre l'utilisation de nouvelles approches et de nouveaux matériaux pour construire des dispositifs électroniques dotés de tailles caractéristiques à l'échelle nanométrique [67]. Les matériaux et les dispositifs utilisés en nanoélectronique sont si petits que les contacts interatomiques et les propriétés de la mécanique quantique de ces matériaux doivent être considérés de manière exhaustive [68].

Le chercheur Don Eigler, en 1989, a tiré parti de cette technologie et a pu utiliser le microscope pour organiser 35 atomes de xénon afin d'écrire le logo IBM. Un autre événement historique majeur de la nanoélectronique est la découverte de nanomatériaux à auto-assemblage, tels que l'auto-assemblage électrostatique [69]. Cette technologie a permis de produire des matériaux en film mince avec une uniformité moléculaire au niveau nanométrique. Les nanodispositifs ne seront pas utilisés isolément, mais dans des systèmes de réseaux pouvant englober des dizaines de milliers d'appareils individuels [70].

Les transistors, les commutateurs de base permettant l'informatique moderne, sont de plus en plus petits grâce à la nanotechnologie. Au tournant du siècle, un transistor typique avait une taille comprise entre 130 et 250 nanomètres. En 2014, Intel a créé un transistor de 14 nanomètres, puis IBM a créé le premier transistor de sept nanomètres en 2015, puis le Lawrence Berkeley National Lab a présenté un transistor d'un nanomètre en 2016! Des transistors plus petits, plus rapides et plus performants peuvent signifier que bientôt toute la mémoire de votre ordinateur sera stockée sur une toute petite puce [71].

Les composants électroniques flexibles, pliables, enroulables et extensibles touchent divers secteurs et sont intégrés à une variété de produits, y compris les équipements portables, les applications médicales, les applications aérospatiales et l'Internet des objets. L'électronique flexible a été développée en utilisant, par exemple, des nanomembranes à semi-conducteurs pour des applications dans les écrans de smartphones. D'autres nanomatériaux, tels que le graphène et les nanomatériaux cellulosiques, sont utilisés dans divers types d'électronique flexible pour permettre l'utilisation de capteurs portables et de tatouage, de cellules photovoltaïques pouvant être cousues sur des vêtements et d'un papier électronique pouvant être enroulé [72,74].

7. Le secteur de l'industrie alimentaire

La nanotechnologie a révolutionné l'ensemble de l'industrie alimentaire, de la production à la transformation, au stockage et au développement de matériaux, de produits et d'applications innovantes. L'application des nanotechnologies dans le secteur alimentaire a généré des innovations dans les caractéristiques macroscopiques des aliments, telles que la texture, la saveur, la couleur, la finition, la sécurité, la stabilité et la réduction de l'utilisation d'agents de conservation, de sel, de graisse et de tensioactifs dans les produits alimentaires [75]. En outre, les nanotechnologies peuvent également améliorer les emballages, les boîtes de stockage, les équipements de cuisson, la vaisselle, ...etc. Le principal type d'application des nanotechnologies dans le secteur alimentaire dans un avenir proche est considéré comme l'incorporation de nanomatériaux dans des matériaux d'emballage ou des récipients de stockage afin d'augmenter le temps de stockage tout en maintenant les produits au frais [76-79].

L'application de la nanotechnologie comprend l'utilisation de systèmes tels que les micelles, les liposomes, les nanotubes et les nanoparticules pour une libération efficace des composés bioactifs et une biodisponibilité améliorée. Les applications importantes des nanotechnologies dans les domaines de l'alimentation et de la nutrition font référence à la conception et au développement de «nouveaux ingrédients alimentaires fonctionnels» offrant une solubilité dans l'eau, une stabilité thermique, une biodisponibilité orale, des attributs sensoriels et des performances physiologiques améliorés. Les ingrédients fonctionnels tels que les médicaments, les vitamines et les agents de conservation sont des aspects essentiels de nombreux produits, allant des produits pharmaceutiques aux produits de soins de santé, en passant par les produits alimentaires et les cosmétiques [78-80].

8. Le secteur de l'industrie textile

L'industrie textile est fortement touchée par les nanotechnologies. La nanotechnologie offre de nombreux avantages par rapport au procédé classique en termes ; d'économie d'énergie, de respect de l'environnement, de libération contrôlée de substances, d'emballage, de séparation et de stockage des matériaux à une échelle microscopique pour une utilisation ultérieure et une libération contrôlée. La nanotechnologie peut apporter des solutions durables à l'industrie textile [81]. Les tissus textiles fournissent les meilleurs substrats appropriés lorsqu'une grande surface est présente pour un poids ou un volume de tissu donné. La relation entre la nanotechnologie et l'industrie textile utilise cette propriété de grande surface interfaciale et diverses macromolécules ou super molécules à proximité d'une fibre subissent un changement énergique d'énergie lors du passage de l'état humide à l'état sec [82,83].

Les nanomatériaux devraient améliorer les propriétés existantes ou apporter de nouvelles fonctionnalités aux textiles tels que la saleté et l'eau, la protection UV, les propriétés conductrices et antistatiques, la résistance à l'usure et aux rides ou la résistance aux taches, aux bactéries ou aux champignons. Les nanoparticules peuvent conférer une grande durabilité aux tissus traités car elles possèdent une grande surface et une énergie de surface élevée qui garantissent une meilleure affinité pour les tissus et conduisent à une augmentation de la durabilité de la fonction textile souhaitée. Les nanomatériaux qui sont et seront bientôt utilisés le plus souvent dans les textiles sont les suivants: argent, dioxyde de silicium, dioxyde de titane, oxyde de zinc, oxydes d'aluminium, nanocouches, nanotubes de carbone, noir de carbone. Le cuivre, l'or, les oxydes de fer, le poly pyrrol et la polyaniligne sont une priorité secondaire. Les nanoparticules d'argent sont utilisées dans les chaussettes et les vêtements de sport en raison de leur capacité à tuer les bactéries et à inhiber les odeurs indésirables [84, 86].

9. Le secteur de l'agriculture

Actuellement, la mise en œuvre de nouvelles technologies dans le secteur agricole revêt une extrême importance, en particulier pour faire face à la croissance démographique, au changement climatique, ...etc. L'application de la nanotechnologie a amélioré la fourniture d'engrais, de pesticides, d'herbicides et de régulateurs de croissance des plantes à l'aide de supports nanométriques. La réduction des engrais chimiques et des pesticides sera utile pour maintenir l'équilibre écologique naturel des cycles géobiologiques détruits ou déséquilibrés par l'utilisation de produits chimiques de synthèse [87]. Des chercheurs ont mis au point des nanoargiles pouvant être ajoutées à un engrais traditionnel pour améliorer la capacité de rétention de l'azote. L'utilisation de nanoparticules en tant que supports d'engrais et de pesticides en agriculture a augmenté l'efficacité des matières actives et réduit leur volatilisation. Il a également réduit la contamination des ressources en eau souterraines [88].

Aussi, le secteur des nanotechnologies a contribué à l'amélioration des sols en élaborant des produits à base de nanomatériaux, tels que des zéolithes et des nano-argiles, qui aident à la rétention de produits agrochimiques liquides ou d'eau dans le sol et permettent une libération lente vers les plantes [89].

10. Conclusion

Ce chapitre couvre un large éventail de sujets de recherche axés sur les applications des nanomatériaux. En effet, la nanotechnologie a mis au point de nombreux produits innovants dans diverses disciplines de l'ingénierie en raison de leurs propriétés chimiques, physiques et mécaniques uniques et enrichissantes. En réalité tous les secteurs de la vie sont concernés par le développement et l'application des nanomatériaux ; l'énergie, l'environnement, médecine et pharmacie.....etc.

Bibliographie

[1] Nanosciences et Nanotechnologies; Une réflexion prospective, MSTP-mai 2005.

[2] http://guidewhois.com

[3] Tourillon G., Thème Nanochimie et Nanomatériaux, Groupe de Travail « Nanosciences et micro-Nanotechnologie ». www.pm2c.grenoble.cnrs.fr

[4] Hadjipanayis G. C. and Siegel R. W. (eds.), Nanophase Materials, Kluwer Academic Publishers, 1994, 157-180.

[5] Arl D., Thèse de doctorat, Université Paul Verlaine - Metz, 2009.

[6] Expo nanomondes, http://www.cap-sciences.net

[7] Taylor R. The Chemistry of Fullerenes. World Scientific, Singapore 1995.

[8] Iijima S. Helical microtubules of graphitic *carbon*. Nature1991, 354, 56-8.

[9] Du D, Zhang W, Asiri AM, Lin Y. Sensors Based on Carbon Nanotube Arrays and Graphene for Water Monitoring; Street, Sustich, Duncan and Savage. Nanotechnology Applications for Clean Water, 2nd Edition, 2014 Elsevier.
2005.

[10] M. Clara Goncalves, M.C. Goncalves, F. Margarido (eds.), Nanomaterials, Materials for Construction and Civil Engineering, DOI 10.1007/978-3-319-08236-3_14

[11] V. Pouslen, Ecotoxicologie et Evaluation des risques réglementaire; Journée BASC FIRE - 25 Mars 2014.

[12] Académie des sciences et Académie des technologies (2004), Nanoscience et nanotechnologie, Paris, Tec&Doc, Rapport Science et Technologie n°18.

[13] Braun T., Schubert A. et Zsindely S. (1997), Nanoscience and nanotechnology on the balance, Scientometrics, 28:2 : 321.

[14] http://guidewhois.com

[15] Enjeux et défis de l'industrie des nanotechnologies en France, direction régionale de la recherché et de l'environnement, Edition 10.

[16] « A la découverte du nanomonde » Ministère délégué à la Recherche et aux Nouvelles Technologies - www.cc-nanochem.de

[17] Chimie - Matériaux - Procédés ; technologies-cles- 2015, http://www.entreprises.gouv.fr

[18] https://fr.wikipedia.org

[19] K. Fajerwerg, J. Lalande et S. Zhu, Les nanoparticules d'or ; l'actualité chimique - Novembre 2009 - N° 335.

[20] N. Randrianantoandro, habilitation à diriger des recherches, Université du Maine, 2002.

[21] http://www.sciences-et-democratie.net

[22] http://www.iso.org

[23] http://www.agrobiosciences.org

[24] C. Lemoine, Thèse de Doctorat, Université de Poitier, 2000.

[25] R.W. Siegel, Nanostruct. Mater. 3 (1993) 1.

[26] M. Grafoute, Thèse de Doctorat, Université du Maine, 2004.

[27] A, Djekoun, Thèse de Doctorat, Université de Annaba, 2004.

[28] U. Herr, J. Jing, R. Birringer, U. Gonser, H. Gleiter, Appl. Phys. Lett. 50 (1987) 472.

[29] H. Gleiter, Acta Mater. 48 (2000) 1.

[30] C. Suryanarayana, C.C. Koch, Hyperfine Interact. 130 (2000) 5.

[31] X.D. Liu, K. Lu, B.Z. Ding, Z.Q. Hu, NanoStruct. Mater. 2 (1993) 581.

[32] M.L. Sui, K. Lu, Mater. Sci. Eng. A 179–180 (1994) 541.

[33] X.D. Liu, H.Y. Zhang, K. Lu, Z.Q. Hu, J. Phys. C 6 (1994) 497.

[34] J. Weismüller, J. Löfler, M. Kebler, Nanostruct. Mater. 6 (1995) 105.

[35] R.W. Siegel, in: Processing of Metals and Alloys, Materials Science and Technology – A Comprehensive Treatment, Vol. 15, ed. R.W. Cahn (VCH, Weinheim, Germany, 1991) p. 583.

[36] R.W. Siegel, Nanostruct. Mater. 4 (1994) 121.

[37] H. Gleiter, NanoStruct. Mater. 6 (1995) 3.

[38] T. Mütschele, R. Kirchheim. Scripta Metall. 21 (1987) 135.

[39] F.Hadef, Thèse de doctorat, Université de Skikda, 2011.

[40] A. Bourcet, Evaluation biologique des dispositifs médicaux contenant des nanomatériaux, Afssaps - Février 2011.

[41] https://www.over-blog.com

[42] J. S. C. Jang and C. C. Koch, J. Mater. Res. 5 (1990) 498.

[43] Hadef. F (2018), An Introduction to Nanomaterials, Environmental Nanotechnology, Dasgupta. N, Ranjan. S, Lichtfouse. E (eds). Environmental Chemistry for a Sustainable World 14, Springer International Publishing AG, part of Springer.

[44] Murday J, Batterson J, Gill R, Nilsson E, Thomas R (2010) International benchmark workshop on K-12 nanoscale science and engineering education (NSEE) Washington, DC 6–7 December 2010.

[45] Rhiel A (2008) Application of nanotechnologies in the energy sector. Available fron: www.hessennanotech.De

[46] OECD (2013) Nanotechnology for green innovation, OECD Science, Technology and Industry Policy Papers, No. 5. OECD Publishing. Available online at: https://doi.org/10.1787/5k450q9j8p8q-en

[47] Filipponi L, Sutherland D (2013) Nanotechnologies: principles, applications, implications and hands-on activities, Edited by the European Commission, Directorate-General for Research and Innovation Industrial Technologies (NMP) Programme 2013.

[48] Lund P (2009) Nanoscience and technology for energy applications. Int J Energy Res 33:1099–1100.

[49] Arivalagan K, Ravichandran S, Rangasamy K, Karthikeyan E (2011) Nanomaterials and its potential applications. Int J ChemTech Res 3:534–538.

[50] Lü MJ, Li J, Yang XY (2013) Applications of graphene-based materials in environmental protection and detection. Chin Sci Bull 58:2698.

[51] Khin MM, Nair AS, Babu VJ, Murugan R, Ramakrishna S (2012) A review on nanomaterials for environmental remediation. Energy Environ Sci 5:8075.

[52] Mendoza-Gonzalez NY, Avalos-Ramirez A, Quevedo IR. Responsible nanotechnology, Downloaded from ascelibrary.org by Pennsylvania, State University on 12/07/15. ASCE, Nanomaterials in the Environment.

[53] Allsopp M, Walters A, Santillo D (2007) GRL-TN-09-2007. Green peace Research Laboratories. Technical Note 09/2007.

[54] Amin MT, Alazba AA, Manzoor U (2014) A review of removal of pollutants from water/wastewater using different types of nanomaterials. Adv Mater Sci Eng 2014:825910.

[55] Li Z, Meng J, Wang W, Wang Z, Li M, Chen T, Liu CJ (2017) The room temperature electron reduction for the preparation of silver nanoparticles on cotton with high antimicrobial activity. Carbohydr Polym 161:270.

[56] Sen S, Pathak Y (2017) Nanotechnology in nutraceuticals: production to consumption. CRC Press, Boca Raton

[57] Ghiazza M, Vietti G (2014) Carbon nanotubes: properties, applications, and toxicity. Woodhead Publishing Limited, Cambridge.

[58] Salata OV (2004) Applications of nanoparticles in biology and medicine. J Nanobiotechnol 2:1–6.

[59] Singh NA (2016) Nanotechnology defi nitions, research, industry and property rights. In: Ranjan S, Dasgupta N, Lichfouste E (eds) Nanoscience in food and agriculture, Sustainable Agriculture Reviews 20, vol 1. Springer, Cham.

[60] Lohani A, Verma A, Joshi H, Yadav N, Karki N (2014) Nanotechnology-based cosmeceuticals. ISRN Dermatol 2014:843687.

[61] Shearer CJ, Cherevan A, Eder D (2014) Application of functional hybrids incorporating carbon nanotubes or graphene. In: Carbon nanotubes and graphene. Elsevier.

[62] He H, Wang H, Fang C, Wu H, Guo X, Liu C et al (2012) Barnyard grass stress up regulates the biosynthesis of phenolic compounds in allelopathic rice. J Plant Physiol 169:1747–1753.

[63] Ting Z, Syed M, Nosang VM, Marc AD (2008) Recent progress in carbon nanotube-based gas sensors. Nanotechnology 19:332001.

[64] Julkapli NM, Bagheri S, Sapuan SM (2015) Multifunctionalized carbon nanotubes polymer composites: properties and applications, eco-friendly polymer nanocomposites processing and properties. Springer, New Delhi.

[65] Grabowski K, Zbyrad P, Uhl T (2014) Development of the strain sensors based on CNT/epoxyusing screen printing. Key Eng Mater 588:84–90.

[66] Wang Y, Chang HX, Wu HK, Liu H (2013) Bioinspired prospects of graphene: from biosensing to energy. J Mater Chem B 1:3521–3534.

[67] Nouailhat A (2008) An introduction to nanoscience and nanotechnology. Wiley, London.

[68] Anwar S (2013) Nanoelectronics research and commercialization in the United States. In: Mohammad RI, Ahmadi T, Anwar A (eds) Advanced nanoelectronics. CRC Press, New York.

[69] Karkare M (2008) Nanotechnology: fundamentals and applications. International Publishing House, New Delhi.

[70] Dahman Y, Le D, Niznik N, Sadyathasan (2017) Nanotechnology and functional materials for engineers. Elsevier.

[71] Ponnamma D, Sadasivuni KK (2015) Graphene/polymer nanocomposites: role in electronics. In: Sadasivuni KK, Ponnamma D, Kim J, Thomas S (eds) Graphene-based polymer nanocomposites in electronics. Springer, Cham

[72] Wu W, Liu Y, Zhu D (2016) Molecular and nano electronics, encyclopedia life support systems (UNESCO-EOLSS).

[73] Cao G, Wang Y (2011) Nanostructures and nanomaterials: synthesis, properties, and applications, vol 2. World Scientific, London

[74] Jasulaneca L, Kosmaca J, Meija R, Andzane J, Erts D (2018) Electrostatically actuated nanobeambased nanoelectromechanical switches – materials solutions and operational conditions. Beilstein J Nanotechnol 9:271–300.

[75] Ranjan S, Nandita Dasgupta N, Chakraborty AR, Samuel SM, Ramalingam C, Shanker R, Kumar A (2014) Nanoscience and nanotechnologies in food industries: opportunities and research trends. J Nanopart Res 16:1–23.

[76] Donatella D, Clara S, Marilena P, Sossio C, Antonella M (2013) Polypropylene and polyethylenebased nanocomposites for food packaging applications. In: Ecosustainable polymer nanomaterials for food packaging. CRC Press, pp 143–168.

[77] -Sánchez H, Gutiérrez-López GF (2015) Introduction. In: Hernández-Sánchez H, Gutiérrez-López GF (eds) Food nanoscience and nanotechnology, food engineering series. Springer, New York.

[78] Dasgupta N, Ranjan S, Mundekkad D, Ramalingam C, Shanker R, Kumar A (2015) Nanotechnology in agro-food: from field to plate. Food Res Int 69:381–400.
[79] Dasgupta N, Ranjan S, Chakraborty AR, Ramalingam C, Shanker R, Kumar A (2016) Nanoagriculture and water quality management. In: Ranjan S, Dasgupta N, Lichfouste E (eds) Nanoscience in food and agriculture, Sustainable Agriculture Reviews 20, vol 1. Springer,Cham.
[80] Chaudhry Q, Groves K (2010) Nanotechnology applications for food ingredients, additives and supplements. In: Chaudhry Q, Castle L, Watkins R (eds) Nanotechnologies in food. RSC Publishing, Cambridge.
[81] Appel P, Dubbert W, Schwirn K, Völker D, Winde C, Zietlow B, Dessau-Roßlau (2013) Available online at: http://www.nanopartikel.info/en/nanoinfo/cross-cutting/2113-nanoparticles-intextiles.
[82] Senthil Kumar P, Narayan AS, Dutta A (2017) Textiles and clothing sustainability nanotextiles and sustainability. In: Muthu SS (ed) Textiles and clothing sustainability, textile science and clothing technology. Springer, Singapore.
[83] Nelson G (2013) Microencapsulated colourants for technical textile application. In: Gulrajani ML (ed) Advances in the dyeing and finishing of technical textiles. Woodhead Publishing Limited, Cambridge.
[84] Patra JK, Gouda S (2013) Application of nanotechnology in textile engineering: an overview. J Eng Technol Res 5:104–111.
[85] Empa & TSV Textilverb and Schweiz (2011) Nano textiles - Grundlagen und Leitprinzipien zur effizienten Entwicklung nachhaltiger Nanomaterialien, Ausgabe September 2011.
[86] Appel P, Dubbert W, Schwirn K, Völker D, Winde C, Zietlow B, Dessau-Roßlau (2013) Available online at: http://www.nanopartikel.info/en/nanoinfo/cross-cutting/2113-nanoparticles-intextiles
[87] Chhipa H, Joshi P (2016) Nanofertilisers, nanopesticides and nanosensors in agriculture. In: Ranjan S, Dasgupta N, Lichfouste E (eds) Nanoscience in food and agriculture, Sustainable Agriculture Reviews 20, vol 1. Springer, Cham.
[88] Cai D, Wu Z, Jiang J, Wu Y, Feng H, Brown IG, Chu PK, Yu Z (2014) Controlling nitrogen migration through micro-nano networks. Sci Rep 14:3665.

[89] Bandyopadhyay KK, Hati KM, Singh R (2009) Management options for improving soil physical environment for sustainable agricultural production: a brief review. J Agric Phys 9:1–8